U0023386

水泥砂漿文化創意工法製作與應用

Production and Application of Cement Mortar Construction Method on Cultural and Creative

從材料的基礎認識，模具材料工具選擇，到水泥製品養護原理，帶領你躍入水泥坑。

林佩如　郭汎曲 編著

作者序 / 林佩如

　　任職於國立臺中科技大學商業設計系（所），主要教學目標以理論與實務相配合，整合設計需求，落實設計美學；研究所課程則著重於跨領域結合，與設計實務開發。近三年期間帶領研究生汎曲執行製作水泥磚表面紋理工法方法的空間意象研究（ The Space Image Research base on the Construction Method of Surface Texture of the Cement Tiles. ），其研究結果於 2022 年 1 月刊登於國際期刊 Case Studies in Construction Materials, SCIE，該研究提出一項製作自然紋路肌理水泥面磚的工法，了解在選擇不同水泥面磚作為室內裝飾的視覺空間意象差異，研究結果為水泥砂漿產品的設計和製造工藝提供參考，進一步協助水泥砂漿建材模組化的開發。相關研究成果亦於商業設計學報第 24 期 （2020）刊登「水泥砂漿裂紋工法與肌理之初探」。亦延伸出四項專利，與一項國際發明專利獎。作者汎曲於水泥創作領域已有多年經驗，無論在創作、製作翻模技巧、異材質結合等等，皆有深厚經驗。無論在實務與研究上，汎曲皆有不屈不撓的精神，值為嘉獎。且經兩年透過研究與實驗的輔助，將其技術加以推廣，並將其經驗創作彙整成冊，進行出版，實為廣益後學。先進言「世界上許多事情，只要你把它做透了，做成專家，你就能為自己創造成功的機會」~共勉之。

2022 年 6 月

作者簡介

林佩如

學歷：

　　國立交通大學應用藝術工業設計　博士

　　德國達姆史塔特工業科技大學　訪問學者

經歷：

　　國立臺中科技大學商業設計系(所)　副教授

　　臺中市產業創新協會　商業設計顧問

　　國立臺中科技大學圖書館委員

　　國際時報金犢獎　國際競賽評審

　　閩南師範大學　工藝設計系所　助理教授

　　德國美茵茲大學　醫學部　輔具產品設計　研究助理

　　中華扶輪社基金會南區　秘書長

　　中華扶輪教育基金會　南區分會副會長

　　空中大學中興校區視覺設計講師

　　NDL 國際有限公司　北京分公司　營銷管理與設計總監

作者序 / 郭汎曲

　　有泥創研工作室成立以來，對於水泥材料工法的研究，一直沒有停歇，進入研究所讀書的這段期間，佩如教授一路提攜我不斷前進，讓我學習的路上不斷的成長，很感謝有這個機會與教授一起撰寫這本書，也謝謝協助編排製作的工作夥伴們。

　　這幾年應邀參與很多學校的教師研習與自造中心的教學，在與校園內老師們的交流過程中，了解到不管是生科老師或是各科的老師，對於水泥這個材料興致勃勃，但卻沒有很多機會跨足這個領域，畢竟以往水泥只是建築材料，很少應用於手作教學，只能透過教師研習來學習，這本書透過文字與圖片，希望能讓水泥這個有趣的材料，讓更多人知道與學習。

　　這本書主要希望能給予水泥手作的初學者一個起點，一步一步的認識水泥，了解水泥的配方組成與各種工法後，能夠多元的應用。書中第三章內的每一個實做作品，都是水泥製作工法的基本，希望讀者能夠透過這些工法，創作出更多屬於自己特色的作品。

2022 年 6 月

作者簡介
郭汎曲

學歷：

國立臺中科技大學商業設計系 碩士

經歷：

艾禾數位科技有限公司 負責人

有泥創研工作室 設計執行長

國際科技創藝教育協會 常務理事

雙北市產業總工會 專任講師

國立臺中科技大學商業設計系所 兼任講師

國立虎尾科技大學 中部創新自造教育基地 水泥課程講師

臺中女子高級中等學校 自造實驗室水泥課程講師

新北市工業成品全檢人員職業工會 專任講師

海青商工文創手作基地 水泥課程指導講師

台中產業人才投資職訓班專任講師

雲林自造教育示範中心 水泥課程講師

汎德汽車 BMW、MINI 多肉美學講師

國立仁愛高農水泥專業課程業師

台中屯區藝文中心泥作手作班指導老師

台中鞋技中心 水泥課程指導講師

特力屋 特約水泥課程講師

目 次

第一章 水泥初探

1-1 認識水泥

水泥（cement）是基礎公共建設與民生、國防等相關工業建設的基本建材，大量使用於各項工程建設如住宅、學校、 醫院、公路、橋梁、水壩、隧道、機場等。

1-1-1 水泥的演進

水泥材料在建築領域上的貢獻，早在西元前 12000 年至西元前 6000 年，就有了水泥材料的前身，演變的時期可以區分為「非水硬性黏結料」、「水硬性石灰」及「卜特蘭水泥系」。

非水硬性黏結料時期，埃及人利用鍛燒不純的石膏漿，稱之為石灰漿，為一種鍛燒石灰石製成的膠結材料，建造金字塔。

水硬性石灰時期，古希臘及羅馬人採用石灰及火山灰鍛燒的水硬性石灰作為建築材料，著名的羅馬競技場及萬神廟就是當時的混凝土代表建築。西元 1756 年英格蘭人約翰·錫頓（John Seaton）使用石灰配製砂漿並加入定量黏土，鍛燒後獲得水硬石灰，建造了倫敦港口的艾迪斯頓（Eddystone）燈塔。西元 1796 年英國人詹姆士·帕加（James Parker）使用黏土質石灰岩研磨後鍛燒，再研磨熟料製成的水泥，號稱羅馬水泥，並取得其專利。西元 1822 年英國人詹姆士·佛洛伊德（James Frost）使用白堊土和黏土研磨後放入石灰窯鍛燒再磨成細粉後製作的水硬石灰，稱之為「英國水泥」工業革命。

　　卜特蘭水泥系時期由西元 1824 年英國人約瑟夫·阿斯普丁（Joseph Aspdin）使用石灰石和黏土煅燒，製造具高強度與防水的熟料水泥，因類似英國卜特蘭石場開採的天然石灰岩，故稱為卜特蘭水泥（Portland cement），開始進入「卜特蘭水泥系」時期，自 19 世紀中期開始，加速了工業革命的進程。西元 1849 年法國人莫尼爾（Monier）發明了「鋼筋混凝土」（RC）。將鋼筋加入了水泥、砂石、水等混合材料，造就了現代建築的進步，水泥材料配方也不斷的改進，朝多元化的應用。自古羅馬時代至今，水泥材料仍然佔有極為重要的地位，應用的領域也越來越多元化，從建築結構的建材，發展到室內設計，室外景觀裝飾材料，甚至在精品、藝術、家飾產品都可以看到使用水泥砂漿材料的應用。

西元前
12000-6000年

水泥前身，埃及人煅燒不純的石膏漿建造金字塔

西元
1756年

英格蘭人約翰·錫頓使用石灰、沙漿、黏土，研發出水硬石灰，建造倫敦港口艾迪斯頓燈塔

西元
1796年

英國人詹姆士·帕加研發出羅馬水泥，並取得專利

西元
1822年

英國人詹姆士·佛洛伊德研發出英國水泥，引發新的工業革命

西元
1824年

英國人約瑟夫·阿斯普丁研發[卜特蘭水泥]加速工業革命進程

西元
1822年

法國人莫尼爾發明了[鋼筋混凝土]造就現代建築進步

1-1-2 水泥原料及生產流程

水泥的原料主要如下：

石灰質原料：為主要原料之一，通常含八成以上的碳酸鈣（$CaCO_3$）為主要的礦石，如最常見的石灰石（limestone）能提供製造水泥所需的氧化鈣（CaO）。其它如白堊（chalk）、貝殼沉積物（shell deposits）、鈣質泥（calcareous muds）等。石灰石原料的取得經鑽孔、探測、取樣、化驗，得到初步化學成份後，依地形、成份等等資料區分規劃，後續使用炸藥爆破、開採、掘取，藉卡車載運至廠區，然後破碎，經過一次和二次破石機，壓碎與減積（size reduction）操作後儲存。

黏土質原料：為主要原料之一，含有黏土物質的原料具有大量氧化矽及少量的鋁氧化物、鐵氧化物（Fe_2O_3）的礦石，如黏土（clay）、頁岩（shale）、硅石（sand stone）等。

鐵質原料：矽砂和鐵渣為次要原料，含有氧化鐵的礦石，如鐵礦砂、鐵渣（pyrites cinder）等，水泥中含鐵量約需 2% 至 4%，以做為煅燒時的助熔劑，原料含鐵量不足時，須要補充加入鐵渣或鐵礦砂等含有氧化鐵的原料，含鐵量的多寡也將影響水泥的顏色深淺。

緩凝劑：通常使用石膏（gypsum），可延緩水泥的凝結時間，在製作過程的後端加入。

通常水泥的製造依據所生產水泥的種類型號，進行原料配方調整，準備含其必要比率與成分的原料，將石灰石、黏土、矽砂、鐵渣等原料依據適當的比例配料，化學成分符合所需要產製的水泥產品規格。

1-1-3 水泥的生產流程

水泥的生產，簡單來說為「二磨一燒」流程，一般可分三個步驟：**生料磨製**、**煅燒**和**水泥製成**。

生料磨製階段在研磨機內加以粉碎並磨到一定細度，再經均勻拌合選粉、收塵後存於生料庫中，以製造符合其規範的水泥，成為生料。水泥之生料研磨有可分為乾式（dry process）（包括半乾式（semi-dry process））與濕式（wet process）（包括半濕式（semi-wet process））兩種，乾式是指將原料同時烘乾並粉磨，或先烘乾再粉磨成生料粉。濕式是指將原料加水粉磨成生料漿，或將濕式製備的生料漿脫水後，製成生料塊。濕法燒成須消耗大量熱能以蒸發水份，生產效率最低，半濕法及雷波法，目前漸為熱效率高之懸浮預熱式乾法所取代。

鍛燒階段利用旋窯（rotary kiln）的高溫燃燒，將生料（raw meal）轉化為熟料（clinker），是卜特蘭水泥整個生產程序中最為重要的步驟。生料的研磨和混合達到標準規格後，進入懸浮預熱式窯或新懸浮預熱式窯，先經到懸浮預熱塔（suspension preheater）及預熱室的燃燒，充分利用旋窯排出的熱氣流來加熱生料，進行預熱及部分碳酸鹽分解，然後進入旋窯內以 1450 ～ 1500℃高溫燒至半熔融繼續加熱分解，再移動到冷卻區，因溫度急速下降，熔融液態狀的物料立即固態化，成為硬結塊的爐底物，從旋窯底部出來的爐底物稱為熟料（clinker）。這個階段的熟料呈現暗灰色，直徑大小約 6 ~ 50 公厘的多孔性硬塊，因溫度仍然很高，所以利用空氣或噴水來冷卻，冷卻後的熟料經提運機送儲存庫備用。

　　熟料研磨階段：熟料要成為水泥需進一步研磨，到所需要的精細度。傳統上水泥研磨是使用球磨機（ball mill）來研磨，現代工廠採用更有效率的滾壓機（roller press）、 立式研磨機（vertical mill），或是組合各式功能的研磨機串聯使用。水泥顆粒的尺寸介在 2 - 8 μm(微米) 之間，每單位重量的表面積則介在 300 - 400 m²/kg 之間，為了延緩水泥的凝結時間，一般普通卜特蘭水泥（ordinary Portland cement, OPC）熟料中會加入加入 4 - 6%的石膏一起研磨，因石膏與熟料相互作用，能調控鋁酸三鈣（tricalcium aluminate）的早期反應。

1-2 水泥水化機制

1-2-1 水化機制

　　水泥與拌合水結合後的凝結、硬化是一種很複雜的物理化學變化過程，水泥凝結硬化過程大致分為三個階段：**溶解水化期（準備期）、膠化期（凝結期）和結晶期（硬化期）**。

　　水泥加水後的，首先水和水泥微粒起反應，發生水解放熱的化學反應，開始生長出細長的矽酸鈣水化物（C-H-S）與氫氧化鈣（CH）結晶體連接起來，表面形成水化物膜，隨著水化反應的不斷進行，水化產物層不斷增厚，水泥球狀顆粒逐漸填滿原來由水所佔據的空間，水泥硬化後初期，生成的游離氫氧化鈣微溶於水，通過吸收空氣中二氧化碳，反應生成難溶性碳酸鈣外殼，阻止內部氫氧化鈣繼續溶解成為固態物質。

1-2-2 水化作用五階段

第一階段（初期水解）：此階段主要是 C3A 與水產生反應激烈產生放熱，也有少數粒度極細的 C3S 同時也進行水化反應，也有 Ca（OH）2 生成，釋放出大量的熱量，形成第一個放熱高峰。

第二階段（潛伏期）：是 C3A 及 C4AF 溶於水中並與二水石膏反應生成鈣礬石，將 C3A 晶體表面外圍包住，水無法與水泥接觸，減緩了 C3A 反應的進行，避免水泥產生急凝現象（Flash setting），而有短暫的水化延遲現象，是水泥的初凝階段，約在 1 至 3 小時內。

第三階段（加速期）：水逐漸滲入內部，C3S 及 C3A 產生劇烈化學反應，形成第二放熱峰，生成大量的長纖狀 C-S-H，空隙率大幅減少，水泥硬化結構體基礎雛形形成開始產生強度，也是水泥的終凝階段，約在 7 至 10 小時內，視添加劑量而定。

第四階段（減速期）：水化產物大量包覆在水泥核心外，要再反應時，水需慢慢擴散進入，（C3A 及 C4AF）開始與鈣礬石反應生成單硫型鋁酸鈣水化熱累積至最大，約在 3 天時。

第五階段（穩定期）：混凝土水化即將終止，水化反應速度緩慢，C3S 及 C2S 繼續生成 C-H-S 水合物，長纖狀的 C-S-H 轉變為強度較佳的短纖狀 C-S-H，空隙漸漸變小，水泥的強度也隨著時間穩定增強。

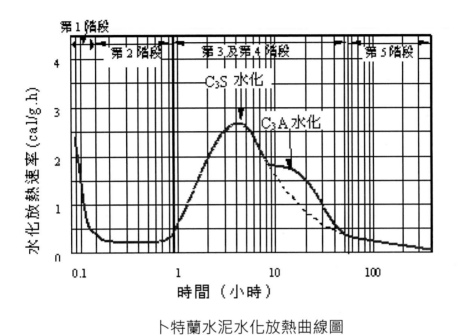

卜特蘭水泥水化放熱曲線圖

※附圖及表摘譯自 Sidney Mindness & J. Francis Young 所著 *Concrete*，1981

1-3 水泥配方的組成

　　水泥是一種粉狀的礦物黏合劑（binder），結合砂、石、摻料等製成混凝土，應用於營建產業已多年。水泥在與水拌合後進行水化作用，能夠變硬，最後轉變成類似石頭般堅硬的狀態的人造石材。在製作水泥製品時，除非特殊水泥，基本上會由幾種材料所組成，分別為水泥、水、骨材及添加劑。

　　為了符合使用者的需求，會在這些組成材料做配比上的調整及材料的選擇。例如製作家具類產品，在抗壓強度的需求就特別注意，需要能符合重量的壓力；製作精品類的產品時，會需要選擇較為細緻的骨材。在製作特殊不規則紋理時，需要流動率高的工作性，為了兼具強度與流動率，就必須使用減水劑的添加劑來增加流動率。

1-3-1 水泥

　　水泥為膠結材料，介於骨材的空隙中，主要膠結骨材顆粒以形成完整的硬固成品。水泥按其礦物組成可分為矽酸鹽水泥、鋁酸鹽類水泥、硫鋁酸鹽水泥、氟鋁酸鹽水泥、鐵鋁酸鹽水泥等。依據用途和性能又分為通用水泥、專用水泥和特性水泥三大類。

　　水泥為了滿足特定目的的要求，依據國家標準（CNS 第 03052 章 1.5.3），水泥分類有卜特蘭水泥第 I 型～第 V 型及輸氣卜特蘭水泥輸氣第 I A 型～輸氣第 III A 型。

卜特蘭水泥之種類及用途

種　　類		用　　　　　途
卜特蘭水泥	第Ⅰ型	用於一般用途，而不需要具備其他任一型水泥所具有之特別性質者
	第Ⅱ型	特別用於需要抵抗中度硫酸鹽侵蝕或中度水合熱者
	第Ⅲ型	特別用於需要高度早期強度者
	第Ⅳ型	特別用於需要低度水合熱者
	第Ⅴ型	特別用於需要抵抗高度硫酸鹽侵蝕者
輸氣卜特蘭水泥	輸氣第ⅠA型	其用途同卜特蘭水泥第Ⅰ型，且需要輸氣者
	輸氣第ⅡA型	其用途同卜特蘭水泥第Ⅱ型，且需要輸氣者
	輸氣第ⅢA型	其用途同卜特蘭水泥第Ⅲ型，且需要輸氣者

第 I 型普通水泥：此型別為最常見的水泥，應用至廣，使用於一般建築工程、鐵路、電力、道路、橋樑、軍事等等公共建設，不曝露於含硫酸鹽土壤或地下水中的結構工程皆可適用，占水泥使用量約九成以上。

第 II 型改良水泥：此型別水合熱量較少，並能抵抗中度硫酸鹽之浸蝕作用，強度產生之初期較慢，適用於重力式擋土牆、水壩、港灣及巨大混凝土橋墩等與製造硫酸鹽工廠附近之建築物或構造物。

第 III 型早強水泥：此型別水泥可在 3~5 天之內達到普通水泥 28 天齡期的強度，適用於需要早期強度之工程，例如軍事工程，水中工程及道路搶救。

第 IV 型低熱水泥：此型別水泥因 C2S 含量較多，所以水化作用的速度較慢，又因 C3S 含量較少，導致水化作用產生水化熱僅為普通水泥的 70%，因此可減少體積變化，特別適用於建築大水壩工程等巨積混凝土工程，如像重力式大壩。

第 V 型抗硫水泥：此型別水泥具有抵抗硫酸鹽浸蝕之特性，適用於特殊環境工程，例如下水道、地下室、碼頭、溫泉區域等等之特殊環境工程。

　　輸氣卜特蘭水泥則指水泥配方添加輸氣劑（air entraining admixture），主要目的要增加混凝土的抗凍融能力，添加輸氣劑後產生微小氣泡（0.01~1mm）於混凝土中，能中斷連續性的毛細孔隙，以減少孔隙水結冰膨脹的內應力。但添加輸氣劑會降低抗壓強度，與沒有輸氣的混凝土比較，1% 之輸氣量將會降低 5%之抗壓強度，故在使用輸氣混凝土時，應設計補正所需的抗壓強度（Aitcin and Flatt, 2016）。

　　另外有其它依特殊需求所生產的水泥，例如：白色卜特蘭水泥（white Portland cement）、混合液壓水泥（blended hydraulic cement）、墁砌水泥（S 型及 SX 型）（masonry cement）、膨脹水泥（expansive cement）、油井用水泥（oil-well cements）、防水卜特蘭水泥（waterproof Portland cement）、灰漿水泥（plastic cement）。

1-3-2 拌合水

水與水泥混合成水泥漿，產生水化作用，生成膠質結晶體，具有膠結力及強度。水量過多時，比重為 1 的水就會上浮，導致沁水及離析的狀況，對於強度也會有所影響，所以添加的水量為重要的掌控因素。在水泥砂漿配比設計中，「水灰比」或「水膠比」是決定密實性或耐久性的最主要因素。水灰比（W/C）為拌合用水量與水泥粉的重量之比，水膠比（W/B）為拌合水重量與膠凝材料重量的比值，而膠凝材料重量：水泥重量+摻合料重量。

水灰比過小會使水化熱較大，混凝土易開裂，水灰比過大會降低混凝土的強度。針對不同的骨材吸水率設計的配比也會不同，搭配完善的水灰比，水泥砂漿可獲得質量均勻而密實的性能，但灌注模具時這樣的水量配比，流動性會較差，需添加減水劑，確保在不增加水量的條件下提高流動性。

若自行配比，就須先了解自己想要製作的產品抗壓強度需求、流動性、工作性等等，選擇適合的骨材，使用添加劑等等因素，考量拌合水量的設計用量。使用已經過配比設計的配方水泥，操作時必須依照設計水量添加。

1-3-3 骨材

一般最常使用的骨材為砂和石。水泥材料科學的研究發展與技術，除了因應產品性能改良、耐用性與工作性的持續發展創新以外，也逐漸朝向再生材料與綠建材的研究改良，骨材的應用也越來越多元化。

砂：砂的來源上大致可分為海砂、河砂和山砂，海砂因鹽分高會產生氯離子腐蝕鋼筋的情形，造成安全隱患，所以建築領域，是禁止使用未經淡化處理的海砂的。山砂表面粗糙，與水泥附著效果好，但其成分複雜，含有泥土和其他有機雜質。所以最常使用的還是河砂。河砂表面粗糙度適中，而且較為乾淨，含有雜質較少。

目前市面上較常見的砂分為天然砂與機制砂兩種，天然砂為天然開採而來，機制砂則是指透過衝擊式破碎機等專業的制砂設備，粉碎後篩選分類而成，因天然資源逐漸減少，加上因應環保訴求，機制砂能減緩市場砂石需求的緊缺，價格與質量可以控制，較能符合市場使用需求，為主要砂石來源。

砂的用途很廣泛，除了用於砂包、砂池、水族養殖、園藝配料以外，因含有矽元素，還是製造玻璃與瓷器的原料之一，在建築領域更是大量使用，針對文創產品的應用，製作質感細緻的水泥作品，砂的粒徑選擇較小的細砂，但為了提高水泥砂漿的密實度與強度，可在配級上加入部分粒徑大一點點的細砂，製作粗曠風格的產品，也可在配級上添加礫石或較粗砂使用，從市面上購買回來的砂也可使用網子進行篩選後使用。

砂的主要作用能與水泥分子相結合，增加水泥分子的擴散面積，

形成水泥砂漿後，增強水泥的水化作用。且具有潤滑作用，改善水泥砂漿拌合的和易性，並填充石子顆粒間的空隙建立骨架作用，提高成品的密實性其強度。

砂粒徑分類：

1、粗砂：細度模數為 3.7-3.1，粒徑大於 0.5mm 的顆粒含量超過全重 50%，平均粒徑為 0.5mm 以上砂石。

2、中砂：細度模數為 3.0-2.3，粒徑大於 0.35mm 的顆粒質量超過全重 50%，平均粒徑為 0.5-0.35mm 砂石。

3、細砂：細度模數為 2.2-1.6，粒徑大於 0.25mm 的顆粒超過全重 85%，平均粒徑為 0.35mm-0.25mm 砂石。

4、特細砂：細度模數 1.5-0.7，平均粒徑為 0.25mm 以下。

石：石頭為粗骨材最常見的材料，應用於建築工程是混凝土中的主要架構材料，形狀接近圓球狀，能減少水泥砂漿的用量，減少空隙率，增加耐久性，若形狀有稜有角，表面積較大，需要的水泥砂漿量較多。應用於小型文創商品，則較多在表現粗獷風格時添加使用。

輕質骨材： 輕質骨材一般可分為兩大類：天然與人造輕質骨材，為多孔隙的材料，單位重較小，密度=1.1~1.8 g/cm3，天然的輕質骨材有浮石、火山渣 （凝灰岩）、泡沫熔岩及棕櫚殼 （Palm Oil Shells），較普遍應用的為浮石（pumice），但天然資源的產量有限，品質優劣也較難掌控，因此人造輕質骨材研發成功後，逐漸量產取而代之。

輕質骨材的產製與應用技術研發，利用天然石材燒製而成的膨脹黏土（Expanded clay）、膨脹頁岩（Expanded shale）、珍珠石（Perlite）、蛭石（Vermiculite）等，以及由環境及工業廢料如爐石、飛灰等製成的膨脹爐石（Foamed slag）、燒結飛灰（Sintered fly ash）、水庫淤泥等。

浮石（pumice）： 浮石又稱輕石或浮岩，為一種多孔的火山石，輕質的玻璃質酸性火山噴出岩，內部富含大量氣孔，氣孔之間只有極薄的玻璃質，佔總體積的 70%以上，一般顏色淺，多為白色或淺灰色，無光澤，其成分為 65%-75%為二氧化矽，9%-20%為三氧化二鋁。浮石表面粗糙，它的特點是質量輕、強度高、耐酸鹼、耐腐蝕，且無污染、無放射性等，是天然又良好的綠色環保材質。應用相當廣泛，建築業應用於輕質骨材，具有隔音及隔熱的功效，園藝栽培、紡織業、洗染廠等行業，亦經常使用在清潔皮膚，有效的去除皮膚上殘留的角質層，足底皮膚粗糙，乾裂起皮有很好的清除功效。

　　凝灰岩（tuff）：火山爆發所造成粒度在 2mm以下的火山塵、火山灰所沉降堆積，凝固成岩的火山碎屑岩，根據含有的成分可分為：晶屑凝灰岩、玻屑凝灰岩、岩屑凝灰岩。通常結構呈現塊狀、層狀節理，外貌疏鬆多孔，粗糙，有層理，顏色多樣。凝灰岩是常用的建築材料與輕質骨材，也可作為提取鉀肥的原料。

　　棕梠殼（Palm Oil Shells）：棕梠殼是棕梠油在提煉過程中，會將果肉中抽取果核，果核被削去的外殼剩餘物就是棕梠殼，外型大小一致，燃燒所產生之熱能，比一般的生物燃料高，為一種很好的生質燃料，然而應用於建築領域中，添加於水泥配方中作為輕質骨材的應用也越來越多。是棕梠油提煉過程中會先從果肉中抽取果核，然後將果核的外殼削去，這些削去的部分便是棕梠殼。

膨脹頁岩 (Expanded Shale)： 膨脹頁岩為將天然頁岩人工加熱膨脹後的物質，天然頁岩為一種堆積岩，距今 7000 萬年前的中生代後期~早第三紀堆積而成，因風化及水蝕作用破碎，形成細微的黏土粒堆積於海底或河底凝固，外觀呈現褐色及深黑色，結構極薄具劈理性。膨脹頁岩為天然頁岩經過粉碎後，在迴轉窯裡用 1200℃左右的溫度燒製，冷卻後用振動篩進行篩分，黏土玻璃化，內的有機物、硫化物和氧化物內部產生二氧化碳和三氧化硫等氣體而膨脹形成，許多獨立的氣孔石質，其吸水性小，耐火性和隔熱性佳。

蛭石 (Vermiculite)： 屬於一種天然無毒的矽酸鹽礦物質，因其在高溫加熱作用下會不停膨脹，看似水蛭在蠕動，故取名為蛭石。屬於單斜晶系，晶體與雲母類似，是黑雲母或金雲母經低溫熱液蝕變或風化作用的產物。顏色主要為褐黃、褐黑色，部分少數為灰白色或綠色，也有少數白色。應用非常廣泛，例如園藝栽培、保溫隔熱、冶金、絕緣等等，在水泥配方中屬於輕質骨材。

　　珍珠石（Perlite）：　屬於天然石灰岩的一種，開採出來時只是黑黑的珍珠岩礦石，快速加熱到 900℃的高溫爆開，軟化火山玻璃導致岩石中截留的水分子變成蒸汽並像爆米花的白色膨脹顆粒，體積可達到原有的 7–16 倍，因為經過高溫殺菌，所以是無菌，因多孔隙，重量非常輕，吸水性零，呈中性反應，不易崩解，應用於園藝栽培時，可以增加其透氣性，降低水分總含量，加快介質的乾燥。應用在工業鑄造，釀造、過濾、洗滌等等。其具有良好的吸音性，吸濕性小，抗凍性強，因此被廣泛用作建築的保溫隔音材料，也是建築材料中的輕質骨材其中之一。文創產品則可利用重量輕的特點，降低產品重量，同時也可基於熱傳導率小，有利於隔熱性，嘗試應用於製程中。

棕櫚殼　　　　浮石　　　　凝灰岩

灰飛　　　　　蛭石　　　　珍珠石

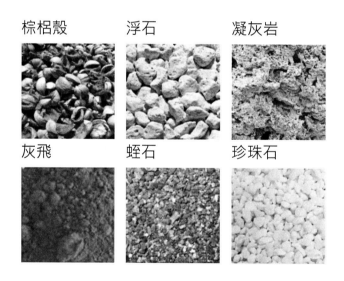

再生骨材：近年來由於環保意識提升，為了減少天然骨材的需求壓力，紓解土石短缺問題，再生材料已在世界各國被廣泛應用。

廢棄建築混凝土塊：廢棄建築混凝土塊用於水泥砂漿填充料時，需注意的是尺寸的級配、形狀、比重、吸水率及含水量等等因素相互之間的影響，將會造成拌製而成之再生水泥製品的性質有所不同。

玻璃砂（廢晶玻璃砂）：隨著高科技光電技術的發展，勢必衍生出液晶面板的大量廢棄物，廢液晶玻璃粉硬度比一般砂石料高，可取代細骨材中的砂，可減少天然砂石之使用，讓再生資源能得到最大的使用效益。

橡膠粉、橡膠瀝青 （廢輪胎橡膠粉）： 廢輪胎或是其他橡膠製品的不良品或毛邊等廢橡膠，製成之不同粒徑橡膠粒或粉。橡膠粉不易受到硫酸鹽溶液侵蝕，當橡膠粉取代量越多抵抗侵蝕能力越佳，但凝結時間較長，抗壓強度也較低，吸水率會隨添加量增加而提高，單位重隨增加量減少。

農業廢棄物： 循環經濟的概念逐漸受到重視，再生混凝土骨材的研製，學者持續致力於再生材料及廢棄物再利用之研究與應用。甘蔗渣在燒結過後，含有大量的二氧化矽，可作為水泥摻料使用於混凝土，也有應用稻殼灰、牡蠣殼粉、咖啡渣等等農業廢棄物作為骨材，讓水泥朝向綠色建材的方向發展。

1-3-4 添加劑

水泥添加劑指水泥操作過程中，為改善工作性或改善水泥性能，添加的各種助劑，常見水泥添加劑有液體和粉體，常見於水泥製品的添加劑有下列幾種：

急結劑：水泥急速凝結劑，簡稱「急結劑」，成分大多採用氯化鈣等化學藥劑，為水泥「快速」凝固劑，與新鮮水泥拌合幾分鐘後，就會開始凝結，並逐漸產生溫熱感，加快水泥凝結強度，縮短等待凝固時間，若溫度上升速度過於急遽，容易產生乾裂現象，也會讓水泥製品顏色偏黃。

減水劑：減水劑主要分為「傳統減水劑」以及「高性能減水劑」，傳統減水劑之主要原料以及成分包括了羧基氫氧酸、木質磺酸素、聚合物等。「高性能減水劑」又稱為強塑劑，是屬於高分子量的界面活性劑。使用減水劑的功用可增加流動率，提高工作性，減少拌合的水量，讓水泥製品的強度達到設計基準。若添加過多，會有沁水現象，並衍生水泥砂漿不凝固的現象。

消泡劑：水泥砂漿在攪拌的過程中，會將空氣拌入砂漿內，為了讓水泥製品表面緻密，可添加消泡劑，水泥用的消泡劑屬聚醚等成份合成的，適用於在強酸強鹼的條件下消泡。

1-4 水泥與基本配方材料

1-4-1 卜特蘭水泥 I 型

此型為普通水泥，為一般建築工程使用，不具備其他種水泥的特性，用途廣泛，受手作亦可配比各級砂使用，針對想要的細緻度選用砂的級數，若想要呈現作品表面粗糙手感，可選用級數大的砂配比使用。選用普通水泥與砂配比使用，建議配重量比水泥：砂為 1：1 至 1：3，水泥用量不建議高於砂，水泥用量高於砂，作品開裂機率高。

1-4-2 白水泥

以矽酸鈣為主成分的生料燒至部分熔融，由鐵質含量少的白色矽酸鹽水泥熟料，加入適量的石膏，磨細製成的白色水硬性膠凝材料，其主要作用是裝飾，比如：雕塑，室內外裝修牆面工程粉刷，磁磚填縫等，所以一般建材行販售白水泥，大多以添加其他成分，例如石粉、石膏等等，若使用於手作創作灌注用時，添加砂為必要的選用配方材料，其砂的配比針對想要的質感彈性調整，不然會容易開裂、作品強度低、表面粉粉的等狀況。

1-4-3 手作配方水泥

　　隨著時代的進步，水泥配方的發展日新月異，因應水泥配方的多元應用，水泥材料除了建築領域的應用，文創手作與藝術領域使用水泥材料也越來越多，針對手作特別調配的配方因應市場需求，也多了起來，建議使用者針對工法選用，一般來說，手作水泥配方可分為以下幾種：

　　灌注型配方：此類型配方水泥又分為快乾型與一般型，主要特性強調其流動性強，只需添加少量的水，即可達到流動狀，灌注工作性佳，方便使用者在有模具的狀況下灌注使用。

捏塑型配方：此類型配方水泥內含纖維材料，捏塑性高，可在無模具或具有骨架的狀況下自由創作，創作性高，造型不局限於模具。

抹鏝型配方：此類型水泥黏著度高，可應用於表層抹鏝，可使用木料板材或珍珠板、穩熱板等素材，製作造型後，抹鏝於表面，創造水泥質感的作品。

抿石配方：此類型水泥強度不高，其特性為黏度強、密實性高，不易龜裂，**抿石工作性佳。**

1-5 水泥製品養護

1-5-1 養護目的

一是水泥砂漿逐漸硬化過程，增長抗壓強度，為水泥水化作用的結果，水化需要適當的溫度和濕度條件，所以要使水泥砂漿作品在一定時間內保持足夠充分的濕潤狀態，以滿足水泥水化作用的需要。二是水泥作品在不同的環境溫度條件下，要有適當的降溫速率和升溫速率，若溫差太大，容易因內外水分流失速度不同，產生乾縮裂縫，降溫速度不宜大於 10°C/h。

1-5-2 養護條件

混凝土在建築工程領域，有一定的國家標準養護規範，不過因為文創商品不屬於建築工程，只要有一定的強度與抗裂即可。水泥砂漿養護環境在溫度為 20 度，相對濕度為 90%以上的潮濕環境或水中的條件下進行的養護，養護的天數依據不同的水泥種類而有所不同。一般的水泥養護期約 28 天，早強水泥則約 7-14 天即可。

1-5-3 養護方式

養護方法有很多種，例如：自然養護、蒸汽養護、乾濕熱養護、蒸壓養護、電熱養護、紅外線養護和太陽能養護等。

　　文創商品講求外觀的質感與美感·所以建議不要採用澆水與泡水的方式養護，而使用放置於保濕低溫養護箱的方式養護，在箱內維持濕度，可在箱內放置濕布或架高箱內的水，作品放於架上，養護箱放置於溫度較低的位置靜置，不要接觸到水，讓作品於低溫高濕的箱內環境進行完整水化作用，慢慢釋放內部水分即可。

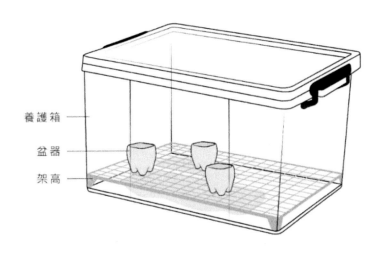

養護箱

盆器

架高

第二章 創作材料與工具

2-1 創作材料

2-1-1 模具材質選用

　　水泥工藝的創作中，經常需要製作模具後灌注或雕塑，在材質的選擇上極為重要，挑選的原則以容易破壞，有柔軟度易彎曲，不與水泥結合的材質為重點，建議不要使用的材質為金屬與玻璃、陶瓷等等，這幾種材質都會與水泥緊緊結合，會無法拆模。

　　以下列出較為常用的製作模具材質：

　　塑膠材質：塑膠材料的取得容易，可使用二次使用的塑膠杯、便當盒，沙拉盒、水果置物盒等等，若水泥配方選用的好，製作出來的水泥作品光滑細緻。選用容易剪開破壞的厚度，才能在拆摸時輕鬆破壞，若使用較硬的塑膠材質，可使用熱漲冷縮原理脫模，也可以先塗抹一層離型劑，例如油類或是凡士林等等，再開始灌注，增加拆模的容易度。

　　紙類：紙類取得容易，可使用直接破壞拆模，但若厚度不足容易變形。紙類的種類眾多，在挑選時，可選擇不易吸水，容易剪開破壞的種類。若使用厚紙板或是瓦楞紙製作模具時，為了防止吸水軟化及黏著在水泥盆上，灌模之前可先塗抹一層凡士林在接觸水泥的部分。

　　珍珠板：　珍珠板為用聚苯乙烯（PS）粒發泡壓製後，加上一層PVC 膠而製成。工藝製作時經常用來墊高厚度使圖面有層次具立體感。因容易切割，尺寸多元，用來製作模具相當適合，拆模容易好破壞，缺點就是無法重複使用，一次性材料不太環保，製作出來的水泥作品表面呈現粗糙質感，具有粗獷風格。

　　矽膠： 主要成份為二氧化矽，一種由矽土中的矽酸鈉與硫磺酸製成，不含塑化劑及雙酚 A，耐高低溫 100%環保矽膠材料，化學性質穩定，不燃燒，耐溫性從-40℃到 230℃、耐熱度可達 260℃。特性為柔軟度高，耐用度高，應用於灌注水泥材料，可重複利用 50 次以上，甚至 100 次，壞掉丟棄可分解，屬於環保的材質，為量產水泥製品的良好模具材質。

2-1-2 其他素材

玻璃纖維網：玻璃纖維網是以玻璃纖維機織物製作，經緯向高度抗拉力，具有良好的抗鹼性、柔韌性，廣泛用於建築物內外牆體保溫、防水、抗裂等。用於手糊成工藝製作超過 20 公分的水泥製品，可使用玻璃纖維網，防止水泥砂漿在收縮時開裂。

鋁線：可使用園藝專用鋁線，不易生鏽，也較容易彎曲造型，在應用於捏塑型配方水泥時，若有需要支撐的部位，可內包鋁線以利支撐水泥的重量。也可應用於灌注容易斷裂的部位，在水泥灌注一半時，放入鋁線，再灌注另一半，將其置於水泥模具內。

穩熱板：穩熱板又稱之為 PS 板，為一種強化的保麗龍材質，原本功能是安裝冷凍庫阻隔保溫用，也應用於地板鋪設，有隔音隔熱的功效。水泥工藝製作時，可做為內部造型素材，在雕刻細緻加工後，塗抹水泥砂漿表面，乾燥後可上色彩繪，創作性高。

2-1-3 保護工具

手套：水泥屬於強鹼物質，對於皮膚表層容易造成損傷，甚至於有可能會引發過敏反應，若不小心碰到，立即使用清水洗淨即可，若對於水泥有過敏反應者，應使用手套防護。若在操作水泥材料時，需長時間碰觸，更應戴手套防護，若需要手感較佳的時候，可使用乳膠手套，貼合手部，能有較佳的手感。

口罩：水泥在倒入攪拌容器時，容易揚起粉塵，若暴露在充滿水泥粉塵的環境，亦可能傷害呼吸道，會有不適感。此外在打磨作品時，也可能會釋出大量含有二氧化矽的粉塵，若長期吸入可能罹患矽粉沉著病（Silicosis，又稱矽肺病）以及肺癌（Lung cancer）的機會。

圍兜：為避免衣物沾染水泥，不易清洗，建議操作水泥材料時，穿著工作圍裙或圍兜，保護衣物。

2-1-4 手工具

雙頭抿刀：抿刀兩端皆可使用，一般攪拌使用平口面，抹平或修飾角度時，可使用尖頭端抹鏝。

攪拌碗（杯）：水泥砂與拌合水攪拌時的容器，若使用電動工具，建議使用不容易破損的材質，例如不銹鋼鋼杯或是塑膠量杯。

海綿砂紙：水泥製品砂磨用，針對喜好的粗細選擇號數。

轉盤(台)：使用於捏塑水泥時，可輕易將作品旋轉，方便操作。

2-1-5 電動工具

　　電動振動台：可針對工作需求挑選檯面尺寸，可調整振動段數，利用強度適合的振動力，將水泥砂漿內的空氣排除。

　　電動攪拌器：水泥砂漿配方水泥，需要充分攪拌，若手動會有攪拌不均勻的可能，所以可以使用電動攪拌，亦可一次攪拌用量較大的水泥砂漿，提昇工作效率。

2-2 基本製作工法

2-2-1 正灌法

　　模具製作時，灌注口設計在作品上方，水泥砂漿從作品上方灌注口，注入水泥砂漿的方式，稱之為正灌法，若是製作盆器或花器，其中間有開孔，會採用外模中套住內模，盆口朝上，水泥砂漿由盆口注入的方式。

　　特點：原理結構簡單，容易入門，但灌注口不美觀，若為盆器，盆口不平整，呈色不均，拆模後需後製打磨平整。

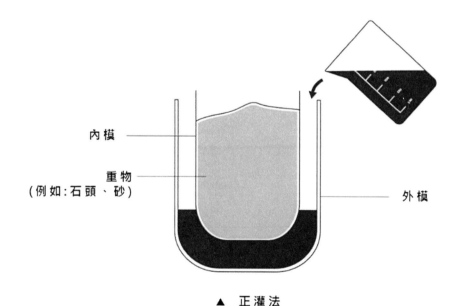

內模

重物
(例如:石頭、砂)

外模

▲　正灌法

2-2-2 倒灌法

　　模具製作時，灌注口設計在作品下方，水泥砂漿從作品底部灌注口，注入水泥砂漿的方式，稱之為倒灌法，若是製作盆器或花器，其中間有開孔，採用外模套住內模，盆口朝下，從盆底灌注水泥砂漿的方式。

　　特點：灌注面在作品底部，作品較為美觀，模具製作時需注意上下顛倒的空間結構。

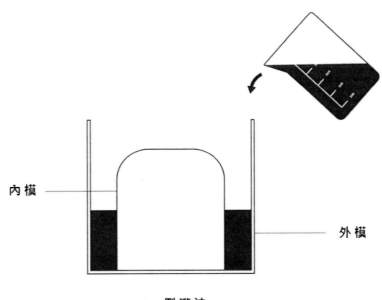

▲　倒灌法

2-2-3 捏塑工法

　　運用捏塑、堆疊、推接、刻劃等四大技巧交互運用，因水泥砂漿的乾燥速度與操作室溫，水量的配比有很大的關係，建議依次調配少量水泥砂漿，依配方標準水量配比，裡用水量調整所需的手感軟硬度操作。亦可搭配鋁線、鐵網、玻璃纖維網等等媒材做為內部結構，需要支撐的位置也可以使用紙碗、塑膠杯、紙類、珍珠板等等媒材應用。

2-2-4 抿石工法

　　傳統建築上應用的抿石工法使用水泥、海菜粉、石粒與水攪拌均勻後在 RC 粗胚上施工，待七分乾後，使用海綿將表面水泥擦拭至石子面露出，等待石子及水泥完全乾硬後，再用清水清洗過一次，讓露出的石頭表面不留水泥痕跡，太快抿石會讓石子剝落，太慢水泥乾硬則無法擦拭出石頭表面，所以在抿石的時間點須掌控的非常好。目前市面上已有抿石專用配方水泥，應用在工藝文創製品相對便利。使用的石頭會依據不同的設計需求，選用不同種類，石子顆粒大小、石子色澤等等。

2-2-5 磨石工法

　　傳統磨石工法大多應用於地坪施工，磨石研磨後還會拋光上蠟，但在製作工藝文創作品時，可使用灌注型水泥加上石粒與水攪拌均勻，待完全硬化乾燥後，經過砂紙或打磨機研磨，將表面打磨至露出光滑石頭面。

2-3 水泥產品量化

| 原型製作 | 矽膠翻模 | 灌注 | 脫模後製 |

　　水泥產品要量化及客製化，最常使用的模具為矽膠材質製作的模具，在製作模具之前，須將翻模原型產出，再用矽膠翻製模具，針對數量、工作時間、用料乾燥時間來評估矽膠模具的數量。

　　製作原型的方式及材料很多元，可使用的方式及材質有下列幾種：3D 列印、油土、陶土捏塑、木頭、玻璃、金屬、石膏、蠟，較常應用於水泥產品的原型製作方式為 3D 光固化列印，若原型有列印痕跡需經過打磨、噴漆、批土等等方式後製到作品所期待的質感。

　　矽膠有軟硬之分，針對要灌注的材料、原型的形狀、材質等等條件，評估使用的硬度，矽膠硬度單位有邵氏 A、B、C。硬度範圍不一樣，室溫縮合型矽膠的硬度在 5~40A 之間，室溫硫化加成型半透明矽膠的硬度在 0~50A，加成型全透明矽膠的硬度通常在 10~45A，高溫硫化固態矽膠的硬度通常在 30~80 A。

第三章　水泥實作教室

3-1 彩色杯盆-正灌法

材料：白水泥、白砂、拌合水 30~40%、色漿或色粉、小石頭

模具材料：大塑膠杯、小塑膠杯、1 立方公分珍珠板、鋁線、海綿砂紙

工具：攪拌杯（碗）、攪拌棒、雙面膠帶、振動器

製作步驟

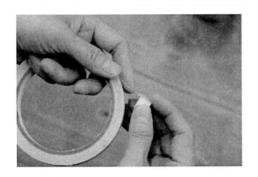

步驟 1

將 1 立方公分珍珠板貼上雙面膠帶。

步驟 2

將 1 立方公分珍珠板黏貼至大塑膠杯底部。

步驟 3

加入白水泥，白水泥與白砂配比為重量比 1：1 加入攪拌杯中。

步驟 4

加入白砂，白水泥與白砂配比為重量比 1：1 加入攪拌杯中。

步驟 5

將白水泥與白砂攪拌均勻。

步驟 6

加入拌合水約水膠比 30~40%。

步驟 7

快速攪拌均勻,杯壁與杯底
須徹底攪拌到位。

步驟 8

加入喜歡的色料與水泥砂漿
充分攪拌。

步驟 9

將第一種顏色的水泥砂漿,
分別倒入大塑膠杯的模具
內。

步驟 10

將第二種不同顏色的水泥砂漿，分別倒入大塑膠杯的模具內。

步驟 11

小塑膠杯內倒入九分滿的小石頭，壓入大塑膠杯內，利用震動器，讓氣泡往上浮出。

步驟 12

在想要凹凸的位置上，繞上鋁線。

步驟 13

將鋁線固定住，壓出想要的
凹凸紋理。

步驟 14

8-12 小時水泥乾硬以後，
倒出內模內的石頭。

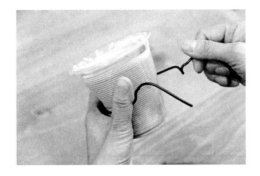

步驟 15

拆除鋁線。

步驟 16

拆除內膜。

步驟 17

拆除外模。

步驟 18

持尖銳物拆除底部預留排水
孔的珍珠板。

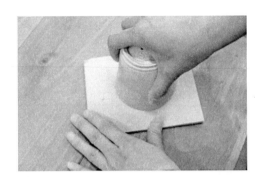

步驟 19

利用砂紙打磨盆口至平整。

步驟 20

養護後種上植物。

3-2

房屋名片盒-倒灌法

製作模具　　水泥砂漿加水攪拌　　加入色漿調合　　灌注　　拆模

3-2 房屋名片盒-倒灌法

材料：快乾配方水泥砂漿、拌合水、色漿或色粉

模具材料：模具材料包或自行裁切版型，1mm 珍珠板

工具：膠帶、剪刀、美工刀，雙面膠帶、攪拌杯（碗）、攪拌棒

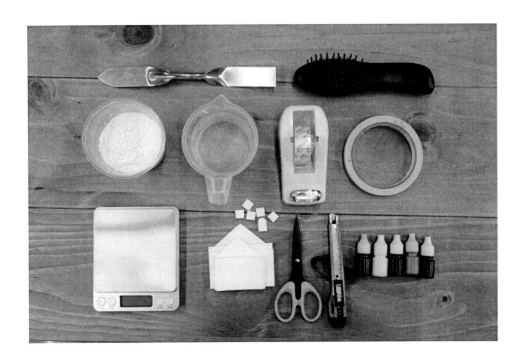

房屋名片盒版型

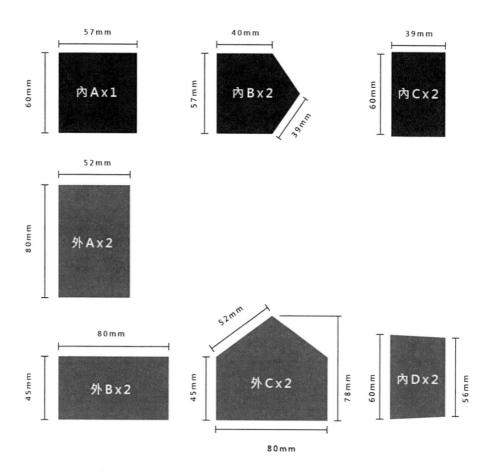

內模
操作步驟

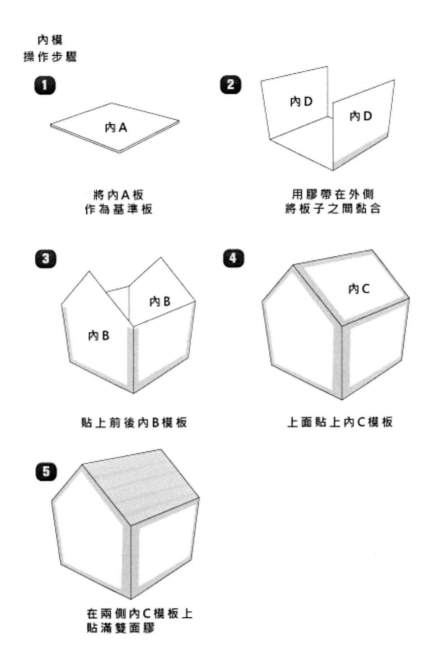

1

內A

將內A板
作為基準板

2

內D

內D

用膠帶在外側
將板子之間黏合

3

內B

內B

貼上前後內B模板

4

內C

上面貼上內C模板

5

在兩側內C模板上
貼滿雙面膠

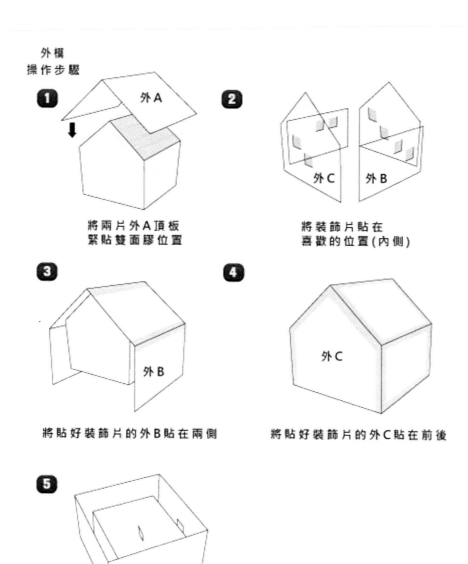

外模
操作步驟

1 外A

將兩片外A頂板
緊貼雙面膠位置

2 外C 外B

將裝飾片貼在
喜歡的位置(內側)

3 外B

將貼好裝飾片的外B貼在兩側

4 外C

將貼好裝飾片的外C貼在前後

5

(灌注口示意)

灌注
操作步驟

① 將灌注口朝上
　放置平穩

② 粉量320g

③ 水量80g

④ 攪拌一分鐘

⑤ 倒入模具內

⑥ 將氣泡震出來

⑦ 靜置待乾

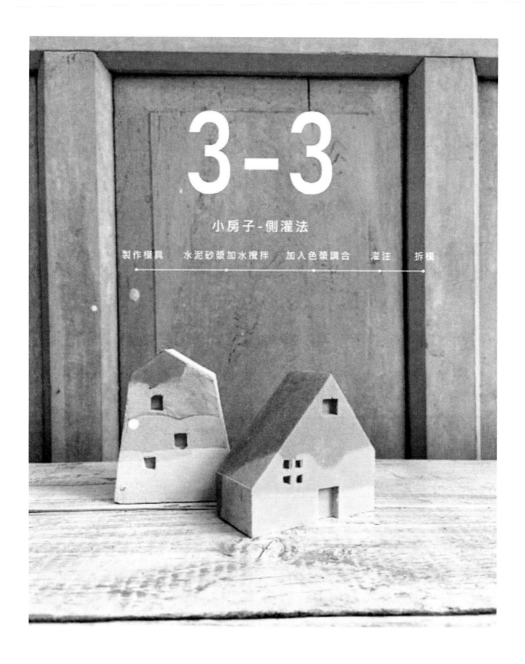

3-3

小房子-側灌法

製作模具　水泥砂漿加水攪拌　加入色漿調合　溢注　拆模

3-3 小房子-側灌法

材料：快乾配方水泥砂漿、拌合水、色漿或色粉

模具材料：厚紙板，1mm 珍珠板

工具：膠帶、剪刀、美工刀，雙面膠帶、攪拌杯（碗）、攪拌棒、凡士林

製作步驟

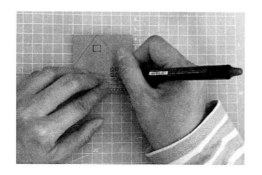

步驟 1

設計房子正面與形狀。

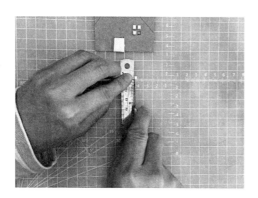

步驟 2

珍珠板裁切門窗形狀。

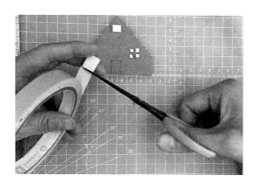

步驟 3

珍珠板貼上雙面膠帶。

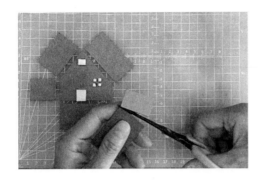

步驟 4

裁切房子厚度與長度。

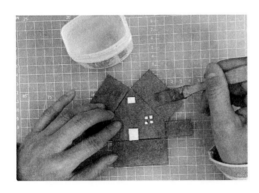

步驟 5

內部塗抹凡士林防水。

步驟 6

將邊緣確實貼好，做到確保
滴水不漏。

步驟 7

攪拌杯內加入水泥。

步驟 8

攪拌杯內加入拌合水。

步驟 9

攪拌均勻。

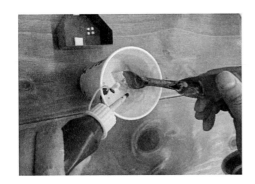

步驟 10

添加色漿，攪拌均勻。

步驟 11

將模具傾斜放置，倒入少許
於模具內下方。

步驟 12

第二次調製色漿量比第一
次再多一些。

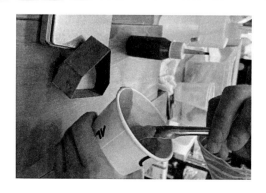

步驟 13

倒入模具內，高度高於第
一次倒入的位置。

步驟 14

第三次調製色漿量比第二
次再多一些。

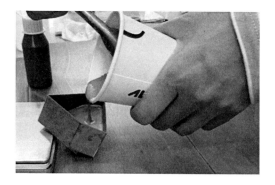

步驟 15

倒入模具內，高度高於第
二次倒入的位置。

步驟 16

最後一次灌注將模具倒滿。

步驟 17

靜置乾燥。

步驟 18

拆外模。

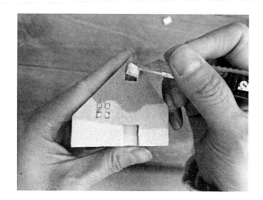

步驟 19

拆除門窗珍珠板。

步驟 20

完成。

3-4

抿石

表面處理　　表面濕潤　　調和泥漿　　壓實表面平整　　半乾後抿石　乾硬後洗淨

3-4 抿石

材料：抿石專用水泥、石頭或琉璃石、拌合水

工具：攪拌杯（碗）、攪拌棒、抿石海棉棒

製作步驟

步驟 1

素盆刮至粗糙表面。

步驟 2

素盆放入水中約 10-30 秒讓
表面沾溼。

步驟 3

琉璃石等比例放入攪拌碗。

步驟 4

水泥與石頭等比例放入攪拌碗。

步驟 5

水泥與石頭攪拌均勻。

步驟 6

慢慢加入水攪拌。

步驟 7

用手揉捏至黏土狀。

步驟 8

用手施力將泥團，壓到盆上抹平。

步驟 9

塑出想要的造型。

步驟 10

可鑲入馬賽克磚點綴。

步驟 11

將海棉棒沾濕。

步驟 12

將海棉棒擰乾。

步驟 13

待半乾時，用擰乾的海棉棒將石頭面抿出。

步驟 14

重複幾次抿至乾淨。

步驟 15

全乾時再清洗一次即可完成。

3-5

磨石

用量計算　　石+泥攪拌均勻　　加水攪拌均勻　　靜置乾燥　　拆模打磨

3-5 磨石

材料：灌注型配方水泥、石頭或琉璃石、拌合水

工具：矽膠模具、攪拌杯（碗）、攪拌棒、打磨機或砂紙

石頭用量：模具內裝滿石頭秤重

水泥與石頭配比：水泥：石頭重量：1：2

製作步驟

步驟 1

模具裝滿石頭後，將石頭秤
重。

步驟 2

將石頭秤重。

步驟 3

加入水泥，水泥重量為石頭
總重的 1/2。

步驟 4

將水泥與石頭充分攪拌均勻。

步驟 5

加入拌合水。

步驟 6

攪拌均勻。

步驟 7

倒入模具中。

步驟 8

震動使水泥砂漿平整。

步驟 9

抹平後靜置至水泥乾硬。

步驟 10

拆模。

步驟 11

使用砂紙或打磨機打磨至石
頭面出來。

3-6

捏塑

製作圓形素坯盆　　調和捏塑水泥砂漿　　貓頭鷹製作　　待水泥乾硬　　上色

3-6 捏塑（貓頭鷹）

材料：捏塑型配方水泥、拌合水

工具：捏塑工具、轉盤、攪拌杯（碗）、攪拌棒

製作步驟

步驟 1

製作圓形素坯盆,將水泥
團鋪上。

步驟 2

整個盆鋪滿抹平。

步驟 3

製作好眉毛的造型。

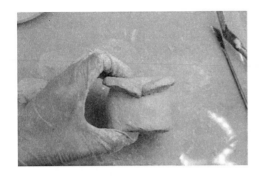

步驟 4

將眉毛貼合上素坯盆上。

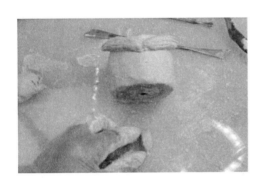

步驟 5

製作貓頭鷹的嘴。

步驟 6

將嘴貼合上素坯盆上。

步驟 7

製作好眼睛的造型。

步驟 8

將眼睛貼合上素坯盆上。

步驟 9

刻劃出眼睛造型。

步驟 10

戳出瞳孔造型。

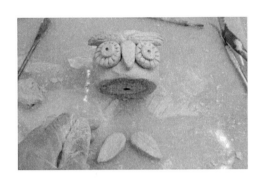

步驟 11

製作好翅膀的造型。

步驟 12

將翅膀貼合上素坯盆上。

步驟 13

刻劃出翅膀羽毛紋路。

步驟 14

製作好腳的造型。

步驟 15

將腳貼合上素坯盆上。

步驟 16

待水泥乾硬後上底色。

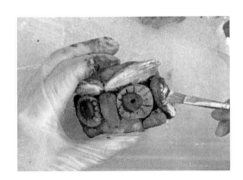

步驟 17

彩繪各部位顏色。

第四章 常見問與答

問題 1、水泥用色漿何時加入攪拌？

答：攪拌時就可以加入，重點在於要攪拌均勻，使用快乾型水泥，若要調色動作需快，以免調色到自己喜歡的色調時，水泥也快要乾了。

問題 2、水泥工具應該如何清洗比較不會堵塞水管？

答：可在大水桶內洗滌後，靜置幾小時，水泥沉澱於下方時，上方的水倒掉，沉澱的淤泥倒出來，乾硬後打包丟棄。

問題 3、水泥如何去鹼？

答：可將作品泡水，每隔一天換一次新的水即可去鹼，若要確保酸鹼值，建議使用試紙測試。但泡水去鹼會使作品表面失去光滑度，需評估是否有去鹼需求。

問題 4、矽膠模具如何保養？

答：使用後用洗碗精清洗乾淨，若有色料無法洗淨，可用凡士林擦拭乾淨。平時放置在陰涼處，若不常使用，可包覆保鮮膜或用紙盒裝起來，防止吸附灰塵。

國家圖書館出版品預行編目(CIP)資料

水泥砂漿文化創意工法製作與應用 / 林佩如,郭汎
曲編著. -- 初版. -- 臺北市：元華文創股份有限
公司, 2023.02
面 ； 公分
ISBN 978-957-711-300-9 (平裝)
1.CST: 水泥 2.CST: 手工藝
464.9 112001779

水泥砂漿文化創意工法製作與應用

林佩如 郭汎曲 編著

發 行 人：賴洋助
出 版 者：元華文創股份有限公司
聯絡地址：100 臺北市中正區重慶南路二段 51 號 5 樓
公司地址：新竹縣竹北市台元一街 8 號 5 樓之 7
電 話：(02) 2351-1607 傳 真：(02) 2351-1549
網 址：www.eculture.com.tw
E-mail：service@eculture.com.tw
主 編：李欣芳
責任編輯：立欣
行銷業務：林宜葶
出版年月：2023 年 02 月 初版
定 價：新臺幣 280 元

ISBN：978-957-711-300-9 (平裝)

總經銷：聯合發行股份有限公司
地 址：231 新北市新店區寶橋路 235 巷 6 弄 6 號 4F
電 話：(02)2917-8022 傳 真：(02)2915-6275